Ruby Jindal

Sussurros da Terra: A viagem da Índia através das alterações climáticas

Ruby Jindal

Sussurros da Terra: A viagem da Índia através das alterações climáticas

ScienciaScripts

Imprint

Cover image: www.ingimage.com

This book is a translation from the original published under ISBN 978-620-7-64730-9.

Publisher:
Sciencia Scripts
is a trademark of
Dodo Books Indian Ocean Ltd. and OmniScriptum S.R.L publishing group

120 High Road, East Finchley, London, N2 9ED, United Kingdom
Str. Armeneasca 28/1, office 1, Chisinau MD-2012, Republic of Moldova, Europe
Printed at: see last page
ISBN: 978-620-7-99220-1

Índice

Prefácio

Na vasta tapeçaria da história humana, houve momentos que definiram civilizações, épocas em que as acções da humanidade ecoaram no tempo. Atualmente, encontramo-nos num momento desses, em que as escolhas que fizermos irão repercutir-se nas gerações vindouras. As alterações climáticas, uma consequência da nossa exploração descontrolada dos recursos da Terra, teceram-se no próprio tecido da nossa existência, lançando uma sombra de incerteza sobre o futuro do nosso planeta.

A Índia, com o seu rico património cultural e os seus diversos ecossistemas, é um microcosmo do desafio global colocado pelas alterações climáticas. Desde os picos nevados dos Himalaias até às praias ensolaradas da costa sul, todos os cantos deste vasto subcontinente são testemunhas dos impactos de um clima em mudança. É uma terra onde as chuvas das monções, outrora celebradas como a força vital da nação, chegam agora com uma ferocidade imprevisível, deixando um rasto de devastação. É uma terra onde os agricultores, os guardiões do nosso sustento, lutam contra padrões climáticos erráticos que ameaçam os seus meios de subsistência. É uma terra onde os centros urbanos em expansão se sufocam com os fumos do progresso, enquanto as comunidades vulneráveis à margem da sociedade suportam o peso da degradação ambiental.

No entanto, no meio dos desafios, existe um vislumbre de esperança. A Índia, com a sua resiliência e desenvoltura, embarcou numa viagem de adaptação e mitigação, procurando soluções sustentáveis para salvaguardar a sua população e o seu património natural. Das iniciativas de energias renováveis aos esforços de reflorestação, dos movimentos de base às reformas políticas, há sussurros de mudança que ecoam por todo o país.

Por

Dr. Ruby Jindal

(Universidade K.R.Mangalam, Gurugram)

Capítulo 1: Ecos do passado

1. Introdução ao património ecológico da Índia

A Índia, com a sua vasta extensão e diversidade de paisagens, possui um património ecológico que se estende desde os picos nevados dos Himalaias até às costas ensolaradas da sua costa sul. Nesta secção de abertura do Capítulo 1, embarcamos numa viagem para explorar a rica tapeçaria de ecossistemas que definem o subcontinente, convidando os leitores a mergulharem na beleza natural e na biodiversidade que aqui floresceram durante milénios.

Ecossistemas diversificados:

A diversidade ecológica da Índia não tem paralelo, abrangendo uma vasta gama de ecossistemas, cada um com as suas características e habitantes únicos. Desde as densas florestas tropicais dos Ghats Ocidentais até aos vastos prados do Planalto de Deccan, desde os mangais de Sundarbans até aos prados alpinos dos Himalaias, as paisagens do país são tão variadas quanto espectaculares.

Flora e Fauna:

Nestes ecossistemas diversos, uma variedade impressionante de flora e fauna encontrou o seu lar, evoluindo e adaptando-se aos respectivos ambientes ao longo de inúmeras gerações. Os majestosos tigres vagueiam pelas selvas da Índia Central, enquanto os esquivos leopardos das neves rondam as encostas escarpadas dos Himalaias. Borboletas coloridas esvoaçam entre as flores silvestres dos Ghats Ocidentais, enquanto as aves migratórias se aglomeram nas zonas húmidas de Bharatpur. Desde o icónico elefante indiano ao tigre de Bengala, em vias de extinção, a vida selvagem do país é tão diversa quanto encantadora.

Importância cultural:

Para além da sua importância ecológica, as paisagens da Índia têm um imenso significado cultural, servindo de pano de fundo a antigos mitos, lendas e crenças espirituais. Os rios sagrados, como o Ganges, são adorados como deusas, enquanto os bosques e montanhas sagrados são venerados como moradas de divindades. As práticas tradicionais como a agroflorestação, o culto das árvores sagradas e as iniciativas comunitárias de conservação estão profundamente enraizadas no património cultural da Índia, reflectindo uma profunda reverência pelo mundo natural.

Convite à imersão:

Através de descrições vívidas e imagens cativantes, convidamos os leitores a mergulharem na beleza natural das paisagens da Índia e a apreciarem a intrincada teia de vida que a sustenta. Quer se trate de uma caminhada pelas florestas enevoadas de Meghalaya ou de explorar as antigas ruínas de Hampi, cada canto do país oferece um vislumbre das maravilhas do mundo natural.

2. Sabedoria indígena e conhecimentos ecológicos tradicionais

Nesta secção, embarcamos numa viagem ao coração das culturas indígenas da Índia, descobrindo a profunda sabedoria e os conhecimentos ecológicos tradicionais que têm guiado as comunidades na sua relação com o mundo natural durante séculos. Com base nos conhecimentos de antropólogos, historiadores e anciãos indígenas, aprofundamos a reverência profundamente enraizada pela terra e a interligação de todos os seres vivos que constituem a base das visões do mundo indígenas em todo o país.

Tapeçaria cultural:

A Índia é o lar de uma rica tapeçaria de culturas indígenas, cada uma com as suas próprias tradições, crenças e práticas únicas. Desde os Adivasis da Índia Central até às tribos indígenas do Nordeste da Índia, estas comunidades desenvolveram sistemas intrincados de conhecimento e gestão que estão profundamente interligados com o seu ambiente natural. Através de tradições orais, canções, danças e rituais, transmitem a sabedoria ecológica de geração em geração, preservando práticas ancestrais que sustentam tanto as pessoas como o planeta.

Reverência pela terra:

No centro das visões do mundo indígenas está uma profunda reverência pela terra e o reconhecimento do seu valor intrínseco. Para as comunidades indígenas, a Terra não é apenas um recurso a ser explorado, mas uma entidade viva e sagrada que merece respeito e proteção. As montanhas, os rios, as florestas e todos os seres vivos são vistos como interligados e interdependentes, formando uma teia de vida na qual os seres humanos desempenham um papel humilde mas integral. Esta compreensão holística do mundo natural fomenta um profundo sentido de administração e responsabilidade para com a Terra e os seus habitantes.

Interligação de todos os seres:

No centro da sabedoria indígena está o conceito de interligação - o entendimento de que todos os seres, humanos e não humanos, estão interligados e são interdependentes. As plantas, os animais, as rochas e os rios não são vistos como entidades separadas, mas como parentes com os quais os seres humanos partilham uma ancestralidade e um destino comuns. Esta interligação reflecte-se nas práticas ecológicas tradicionais, que enfatizam a reciprocidade, o equilíbrio e a harmonia com a natureza. Ao viverem de acordo com os ritmos do mundo natural, as comunidades indígenas têm-se sustentado durante séculos, forjando sociedades resilientes e adaptáveis nesse processo.

Práticas e rituais antigos:

Através de histórias transmitidas ao longo de gerações, descobrimos as práticas e rituais ancestrais que têm sustentado as comunidades indígenas durante séculos. Desde cerimónias para guardar sementes a rituais de conservação da floresta, desde sistemas de governação baseados na comunidade a técnicas agrícolas sustentáveis, estas tradições incorporam uma profunda sabedoria aperfeiçoada ao longo de séculos de experiência vivida. Ao incorporar os princípios de reciprocidade, respeito e reciprocidade, as comunidades indígenas não só sobreviveram como prosperaram em ambientes diversos e desafiantes, deixando um legado de resiliência e gestão para as gerações futuras herdarem.

3. Bosques sagrados: Guardiões da Biodiversidade

Na nossa exploração do património ecológico da Índia, aventuramo-nos no reino místico dos bosques sagrados, onde florestas antigas se erguem como sentinelas silenciosas da biodiversidade e da reverência espiritual. Estes santuários, espalhados por todo o país, servem não só como reservatórios vitais de diversidade ecológica, mas também como espaços sagrados onde os seres humanos comungam com a natureza e o divino. A nossa atenção centra-se nos bosques sagrados de Kerala, onde mergulhamos na beleza encantadora e no profundo significado destes paraísos verdejantes.

A essência dos bosques sagrados:

Os bosques sagrados, conhecidos como "kaavus" em malaiala, são venerados como espaços sagrados pelas comunidades locais em Kerala. Estas florestas antigas, muitas vezes situadas nos arredores das aldeias ou aninhadas em complexos de templos, foram protegidas e preservadas durante gerações como santuários para a biodiversidade e a reflexão espiritual. Aqui, por entre as árvores imponentes e a vegetação luxuriante, paira uma sensação de intemporalidade, transportando os visitantes para um reino onde o véu entre o mundo humano e o mundo natural se torna mais fino.

Guardiões da Biodiversidade:

Os bosques sagrados de Kerala não são apenas locais de significado espiritual, mas também inestimáveis repositórios de biodiversidade. Lar de um conjunto diversificado de espécies vegetais e animais, muitas das quais são endémicas da região, estas florestas desempenham um papel crucial na manutenção do equilíbrio ecológico e na preservação da diversidade genética. Desde plantas medicinais raras a espécies animais em vias de extinção, a biodiversidade que estes bosques albergam é uma prova da importância da proteção e conservação destes ecossistemas ancestrais.

Um santuário para a reflexão espiritual:

Para além do seu significado ecológico, os bosques sagrados servem de refúgio à reflexão espiritual e à comunhão com a natureza. Aqui, por entre a luz do sol e o canto dos pássaros, os visitantes são convidados a reconectar-se com os ritmos do mundo natural e a cultivar um sentido de admiração e espanto pela beleza e complexidade da vida. Os rituais e as cerimónias, integrados no tecido da vida quotidiana, servem para recordar a interligação da humanidade com a Terra e os seus habitantes, fomentando um profundo sentido de reverência e respeito pela terra.

A sabedoria dos bosques:

Nos bosques sagrados de Kerala, cada árvore, planta e criatura é venerada como uma manifestação do divino, incorporando a interconexão de todos os seres vivos. Através de descrições evocativas e relatos em primeira mão, viajamos para este reino encantado, guiados pela sabedoria dos bosques e pelas vozes daqueles que os cuidam há gerações. Aqui, por entre as árvores antigas e a brisa sussurrante, descobrimos uma verdade profunda - que ao proteger e preservar o mundo natural, salvaguardamos não só a diversidade da vida, mas também a essência da nossa própria humanidade.

Ao emergirmos das profundezas dos bosques sagrados, levemos connosco as lições aprendidas e as memórias acarinhadas, e voltemos a dedicar-nos à administração da Terra e de todos os seus habitantes. Porque ao honrarmos a sacralidade da terra, honramos a teia de vida interligada que nos sustenta a todos.

4. Domar as montanhas

Nesta secção da nossa odisseia pelo património ecológico da Índia, embarcamos numa viagem aos Himalaias, onde o engenho humano se encontra com o terreno acidentado num testemunho de resistência e adaptabilidade. Aqui, por entre os picos imponentes e os vales escarpados, descobrimos as maravilhas dos campos em socalcos - antigos sistemas agrícolas que sustentaram as comunidades das montanhas durante gerações.

A paisagem dos Himalaias:

Os Himalaias, a cordilheira mais poderosa da Terra, apresentam desafios formidáveis para aqueles que os chamam de lar. Com encostas íngremes, padrões climáticos erráticos e ecossistemas frágeis, o cultivo da terra nesta região requer um equilíbrio delicado entre as necessidades humanas e a integridade ecológica. No entanto, durante séculos, as comunidades de montanha prosperaram nestas paisagens inóspitas, aproveitando o seu engenho e capacidade de adaptação para transformar a encosta da montanha numa tapeçaria verdejante de campos em socalcos.

A arte do terraceamento:

Os campos em socalcos, conhecidos como "bunds" ou "bhata" nos dialectos locais, são uma marca da agricultura nos Himalaias. Construídas à mão ao longo de gerações, estas intrincadas redes de campos escalonados descem as encostas em cascata, seguindo os contornos do terreno e maximizando a utilização do limitado espaço arável. Construídos com muros de pedra e aterros de terra, os socalcos evitam a erosão do solo, conservam a água e criam microclimas propícios ao cultivo, permitindo aos agricultores cultivar uma variedade de culturas mesmo nos terrenos mais difíceis.

Aproveitar o poder da água:

A água é a vida nos Himalaias, onde as chuvas das monções trazem tanto a abundância como o perigo para as comunidades de montanha. Na Secção 4, aprofundamos os sistemas inovadores de gestão da água que permitiram aos agricultores aproveitar o poder das chuvas das monções, atenuando simultaneamente os riscos de inundações e deslizamentos de terras. Desde os tradicionais canais de irrigação e bicas de pedra até às modernas técnicas de recolha de águas pluviais e barragens de retenção, estes sistemas reflectem um profundo conhecimento do ciclo hidrológico e a necessidade de uma gestão sustentável da água face a um clima em mudança.

Sustentação das comunidades de montanha:

Através de entrevistas com agricultores locais e peritos agrícolas, obtemos informações sobre as práticas e técnicas antigas que têm sustentado as comunidades de montanha durante gerações. Desde a rotação de culturas e a agro-silvicultura até à utilização de sementes indígenas e fertilizantes orgânicos, estas práticas exemplificam a resiliência e a adaptabilidade da agricultura de montanha face à evolução das condições ambientais. Ao trabalharem em harmonia com a natureza, as comunidades de montanha não só se alimentaram a si próprias como também preservaram a integridade ecológica dos Himalaias para as gerações futuras.

Um equilíbrio delicado:

À medida que percorremos os campos em socalcos dos Himalaias, ganhamos uma apreciação mais profunda do delicado equilíbrio entre as necessidades humanas e a integridade ecológica nesta região de grande altitude. Nos intrincados padrões dos socalcos e nos ritmos da vida agrícola, descobrimos uma profunda sabedoria - a de que, ao cuidar da terra, asseguramos a nossa própria sobrevivência e a de todos os seres vivos que chamam às montanhas a sua casa.

Ao despedirmo-nos dos campos em socalcos dos Himalaias, levemos connosco as lições aprendidas e as histórias partilhadas, e honremos a resiliência e o engenho das comunidades de montanha face à adversidade. Pois nas suas lutas e triunfos, encontramos inspiração e esperança para um futuro em que os seres humanos e a natureza possam prosperar em harmonia entre os majestosos picos dos Himalaias.

5. Sabedoria do deserto: Prosperar em paisagens áridas

Na secção final do Capítulo 1, a nossa viagem leva-nos às regiões áridas do Rajastão, onde a vida floresce no meio da paisagem aparentemente inóspita do deserto. Aqui, por entre as areias movediças e o sol escaldante, descobrimos o notável engenho e a resiliência das comunidades do deserto que aprenderam a prosperar num dos ambientes mais agrestes da Terra.

A dura beleza do deserto:

O Rajastão, conhecido como a "Terra dos Reis", é caracterizado pelas suas vastas extensões de terra árida, pontuadas por imponentes dunas de areia e afloramentos rochosos. Com pouca chuva e calor intenso, o deserto apresenta desafios formidáveis para aqueles que o chamam de lar. No entanto, no meio da beleza agreste do deserto, a vida encontra um caminho, pois as plantas, os animais e os seres humanos adaptaram-se para sobreviver e até prosperar neste ambiente implacável.

Estratégias e adaptações engenhosas:

Através de entrevistas com habitantes do deserto e etnobotânicos, descobrimos as estratégias engenhosas e as adaptações que permitiram às comunidades prosperar no deserto. Desde as técnicas tradicionais de recolha de água, como os "baoris" (poços em degraus) e os "tankas" (tanques subterrâneos de armazenamento de água), até ao cultivo de culturas resistentes à seca, como o painço, o sorgo e as leguminosas, as comunidades do deserto desenvolveram um rico repositório de conhecimentos e práticas adaptadas às exigências únicas do seu ambiente.

Colher água, colher vida:

A água é a força vital do deserto, e as comunidades do deserto criaram métodos engenhosos para recolher e conservar este precioso recurso. Os poços, estruturas intrincadas que descem profundamente na terra, servem como reservatórios de água subterrânea, fornecendo uma fonte fiável de água mesmo durante os meses mais secos do ano. Tankas, cisternas subterrâneas revestidas com materiais impermeáveis, recolhem a água da chuva que escorre dos telhados, armazenando-a para uso doméstico e irrigação agrícola. Estas técnicas tradicionais de recolha de água não só sustentam as comunidades, como também recarregam os aquíferos e evitam a erosão dos solos, contribuindo para a saúde a longo prazo do ecossistema do deserto.

Cultivar a resiliência:

Perante a adversidade, as comunidades do deserto cultivaram a resiliência e a capacidade de adaptação, inspirando-se na terra que as sustenta. Ao diversificarem os seus meios de subsistência através da criação de animais, do artesanato e do turismo, reduziram a sua dependência da agricultura e atenuaram os riscos de fracasso das colheitas. Ao conservarem as espécies vegetais autóctones e os conhecimentos tradicionais, preservaram o seu património cultural e reforçaram a sua capacidade de adaptação às condições ambientais em mutação.

Uma fonte de inspiração:

À medida que viajamos pelas paisagens áridas do Rajastão, sentimo-nos humildes perante a resiliência e o engenho das comunidades do deserto que prosperaram perante a adversidade. As suas histórias recordam-nos o poder da criatividade humana e a resiliência do espírito humano, mesmo nos ambientes mais difíceis. E a sua sabedoria oferece-nos lições valiosas para navegar num futuro incerto, recordando-nos que, ao trabalhar em harmonia com a natureza, podemos encontrar sustento, resiliência e inspiração no meio das paisagens mais agrestes.

Capítulo 2: Sinais de mudança

Através de descrições vívidas e narrativas convincentes, testemunhamos os impactos tangíveis que estão a remodelar as paisagens e os meios de subsistência de milhões de pessoas em todo o subcontinente.

1. Derretimento dos glaciares nos Himalaias:

Os Himalaias, com os seus picos majestosos e vastos glaciares, há muito que cativam a imaginação e sustentam a subsistência de milhões de pessoas em todo o Sul da Ásia. No entanto, nos últimos anos, estes gigantes imponentes de gelo e neve tornaram-se arautos de uma crise iminente, à medida que o aumento das temperaturas acelera o ritmo de recuo dos glaciares.

Retirada rápida:

Nas alturas imponentes dos Himalaias, onde antigos glaciares esculpiram a paisagem durante milénios, assistimos ao espetáculo alarmante do rápido recuo dos glaciares. As temperaturas mais altas, impulsionadas pelas alterações climáticas, estão a fazer com que estas vastas massas de gelo diminuam a um ritmo sem precedentes. As imagens de satélite revelam a dura realidade do desaparecimento dos glaciares, com os seus outrora orgulhosos rios de gelo reduzidos a meros vestígios da sua antiga glória.

Consequências da retirada:

As consequências do recuo dos glaciares repercutem-se muito para além dos confins gelados dos Himalaias. O aumento do degelo dá origem a inundações com explosão de lagos glaciares (GLOFs), inundações súbitas e devastadoras que ameaçam vidas, meios de subsistência e infra-estruturas nas comunidades a jusante. A alteração dos caudais dos rios, resultante de mudanças na altura e na magnitude do escoamento das águas de degelo dos glaciares, perturba os ecossistemas e o abastecimento de água a milhões de pessoas que dependem dos rios perenes que nascem nos Himalaias.

Riscos acrescidos:

O degelo dos glaciares também aumenta o risco de deslizamentos de terras, uma vez que as encostas desestabilizadas libertam torrentes de rocha, lama e detritos para os vales abaixo. Nas comunidades de montanha já vulneráveis aos riscos naturais, estes acontecimentos podem ter consequências catastróficas, destruindo casas, infra-estruturas e terrenos agrícolas e ceifando vidas.

Impactos nas comunidades:

As consequências do degelo dos glaciares são sentidas profundamente pelas comunidades de montanha que dependem da água de degelo dos glaciares para beber, irrigar e produzir energia hidroelétrica. À medida que os glaciares diminuem e as fontes de água se reduzem, estas comunidades são forçadas a enfrentar a diminuição do abastecimento de água, a diminuição da produtividade agrícola e o aumento da concorrência por recursos escassos. A perda de glaciares também ameaça a viabilidade dos projectos hidroeléctricos, dos quais muitas comunidades dependem para obter eletricidade e desenvolvimento económico.

Efeitos a jusante:

A jusante, nas planícies férteis da bacia do Indo-Gangetic, milhões de pessoas dependem dos rios perenes que nascem nos Himalaias para a sua sobrevivência. As mudanças nos caudais dos rios, resultantes de alterações no escoamento das águas de fusão dos glaciares, têm profundas implicações para a agricultura, o abastecimento de água e a saúde dos ecossistemas nestas regiões densamente povoadas. As perturbações no ciclo sazonal das monções, influenciadas em parte pelas alterações nos glaciares dos Himalaias, agravam ainda mais os desafios enfrentados pelas comunidades a jusante.

2. Mudança nos padrões das monções:

Na vasta extensão do subcontinente indiano, as chuvas anuais das monções não são apenas um fenómeno meteorológico, mas uma tábua de salvação para milhões de pessoas, sustentando a agricultura, reabastecendo a humidade do solo e moldando os ritmos da vida quotidiana. No entanto, a marcha implacável das alterações climáticas está agora a alterar o calendário, a intensidade e a distribuição das monções, perturbando as práticas agrícolas tradicionais e agravando a escassez de água em muitas regiões.

Linha de vida agrícola:

As chuvas das monções são a espinha dorsal da agricultura na Índia, fornecendo a água necessária para alimentar as culturas e sustentar os meios de subsistência. Durante gerações, os agricultores confiaram na chegada previsível da monção para plantar as suas colheitas e garantir uma colheita abundante. No entanto, à medida que as alterações climáticas perturbam o ciclo das monções, os agricultores enfrentam uma incerteza e um risco crescentes.

Impacto disruptivo:

As alterações climáticas estão a conduzir a padrões de precipitação erráticos, com algumas regiões a sofrerem secas prolongadas enquanto outras são inundadas por chuvas fortes e cheias. Estes fenómenos meteorológicos extremos perturbam as práticas agrícolas tradicionais, conduzindo a quebras de colheitas, perda de gado e insegurança alimentar para milhões de famílias rurais. Nas regiões propensas à seca, os campos ressequidos e as fontes de água esgotadas levam os agricultores ao endividamento e ao desespero, enquanto nas zonas afectadas pelas cheias, as casas são arrastadas e as colheitas são destruídas, deixando as comunidades a lutar para recuperar.

Vulnerabilidade das comunidades rurais:

Os impactos da alteração dos padrões das monções afectam as comunidades rurais, onde a agricultura constitui a espinha dorsal dos meios de subsistência e de sustento. Os pequenos agricultores, já vulneráveis devido ao acesso limitado aos recursos e à tecnologia, suportam o peso da crise, enfrentando um futuro incerto à medida que se debatem com os caprichos imprevisíveis do clima. As mulheres, que desempenham um papel crucial na produção agrícola e na segurança alimentar dos agregados familiares, são desproporcionadamente afectadas pelas alterações climáticas, enfrentando um aumento da carga de trabalho e uma diminuição dos rendimentos à medida que lutam para fazer face aos impactos de fenómenos meteorológicos extremos.

Adaptação e Resiliência:

Perante os desafios crescentes, as comunidades rurais estão a recorrer cada vez mais a estratégias de adaptação para criar resiliência e garantir a sua sobrevivência num clima em mudança. Desde a diversificação das culturas e a adoção de técnicas de poupança de água até ao investimento em infra-estruturas resistentes ao clima e em redes de segurança social, os agricultores estão a encontrar formas inovadoras de lidar com os impactos da alteração dos padrões das monções e de assegurar os seus meios de subsistência para as gerações futuras.

3. Erosão costeira em Sundarbans:

Os Sundarbans, uma maravilha da natureza e Património Mundial da UNESCO, são um testemunho do delicado equilíbrio entre a terra e o mar. Aninhada ao longo da costa, esta vasta extensão de mangais de maré serve de santuário a uma grande diversidade de flora e fauna, o que lhe valeu a reputação de ser um hotspot de biodiversidade de importância mundial. No entanto, a beleza tranquila dos Sundarbans esconde uma ameaça crescente - a invasão implacável do mar.

Subida do nível do mar e erosão costeira:

As alterações climáticas, com os seus impactos insidiosos, desencadearam uma cascata de desafios para os Sundarbans. O aumento do nível do mar, impulsionado pela expansão térmica e pelo derretimento das calotas polares, intensificou o flagelo da erosão costeira ao longo das costas vulneráveis deste frágil ecossistema. O bater incessante das ondas, exacerbado por ciclones cada vez mais severos, erodiu vastas faixas de terra, ameaçando engolir comunidades inteiras e habitats vitais no seu avanço inexorável.

Consequências da erosão costeira:

As consequências da erosão costeira repercutem-se muito para além das fronteiras de Sundarbans, afectando os ecossistemas e as comunidades. As inundações, exacerbadas pela subida do nível do mar e pela diminuição das barreiras naturais, inundam as zonas baixas, deslocando as pessoas das suas casas e destruindo infra-estruturas vitais. A intrusão de água salgada, que penetra no interior à medida que as defesas costeiras se desmoronam, contamina as fontes de água doce, pondo em risco a produtividade agrícola e os meios de subsistência.

Na linha da frente das alterações climáticas:

Os Sundarbans encontram-se na linha da frente das alterações climáticas, lutando contra a ameaça existencial colocada pela subida do mar e por ciclones cada vez mais graves. À medida que os impactos das alterações climáticas se intensificam, a necessidade de ação urgente torna-se cada vez mais premente. As medidas de adaptação, que vão desde a recuperação de zonas de proteção dos mangais costeiros até à implementação de infra-estruturas resistentes e de sistemas de alerta precoce, são imperativas para proteger os Sundarbans e os seus habitantes da devastação provocada pelas alterações climáticas.

O papel da colaboração internacional:

A colaboração internacional é fundamental para enfrentar os desafios multifacetados que os Sundarbans enfrentam. Os esforços colectivos, orientados por conhecimentos científicos e informados pelos conhecimentos locais, são essenciais para desenvolver estratégias holísticas que atenuem os impactos da erosão costeira, reforçando simultaneamente a resiliência das comunidades e dos ecossistemas. Através de uma ação coordenada e de uma responsabilidade partilhada, podemos lutar por um futuro em que os Sundarbans continuem a prosperar como um farol de biodiversidade e um testemunho da resiliência duradoura da natureza face à adversidade.

4. Branqueamento dos recifes de coral nas ilhas Andaman:

As águas azuis que rodeiam as ilhas Andaman escondem uma tragédia que se desenrola sob a superfície - o desaparecimento silencioso de recifes de coral vibrantes sob o ataque implacável das alterações climáticas. Estes ecossistemas, outrora prósperos e repletos de vida e cor, estão agora a sucumbir à devastação do aquecimento dos oceanos, deixando para trás uma paisagem sombria e fantasmagórica, desprovida do seu antigo esplendor.

O aquecimento dos oceanos e o branqueamento dos corais:

Impulsionado pelas emissões de gases com efeito de estufa, o aquecimento dos oceanos desencadeou fenómenos de branqueamento em massa dos corais nas ilhas Andaman e não só. Com o aumento da temperatura do mar, os corais expulsam as algas simbióticas que lhes fornecem alimento e cor, deixando para trás um esqueleto branqueado e sem vida. Com cada evento de branqueamento sucessivo, a resistência destes organismos delicados é ainda mais desgastada, empurrando-os para a beira da extinção.

A desolação das maravilhas subaquáticas:

Outrora vibrantes e cheios de vida marinha, os recifes de coral das ilhas Andaman assemelham-se agora a cidades fantasma, com as suas tonalidades outrora vibrantes desbotadas para um branco pálido. A perda dos recifes de coral não só diminui a biodiversidade como também perturba a intrincada rede de vida que depende destes habitats subaquáticos. Os peixes, crustáceos e outras criaturas que habitam os recifes ficam sem casa e vulneráveis, enquanto os predadores e as presas lutam para encontrar o seu sustento num ambiente estéril e inóspito.

Impacto nas comunidades costeiras:

A perda dos recifes de coral constitui uma ameaça terrível para os meios de subsistência das comunidades costeiras dependentes da pesca e do turismo. Os pescadores que outrora dependiam das águas abundantes dos recifes de coral para as suas capturas, vêem agora as suas redes vazias e os seus rendimentos a diminuir. Os operadores turísticos, que outrora serviam mergulhadores e praticantes de snorkel ansiosos por explorar as maravilhas do mundo subaquático, enfrentam agora um número cada vez menor de visitantes e receitas cada vez mais reduzidas.

Necessidade urgente de conservação:

Ao assistirmos ao branqueamento dos recifes de coral nas ilhas Andaman, torna-se evidente a necessidade de uma ação urgente para travar e inverter esta tendência alarmante. Os esforços de conservação, centrados na redução das emissões de gases com efeito de estufa, no reforço da resistência dos recifes e na criação de áreas marinhas protegidas, são essenciais para salvaguardar estes ecossistemas de valor inestimável para as gerações futuras. Trabalhando em conjunto para resolver as causas profundas do branqueamento dos corais, podemos garantir que os tons vibrantes e a vida marinha agitada das Ilhas Andaman sejam preservados para as gerações vindouras.

5. Efeitos desproporcionados em populações marginalizadas:

À medida que os impactos das alterações climáticas se continuam a fazer sentir, torna-se cada vez mais evidente que as populações marginalizadas estão a suportar o peso da crise. Dos pescadores costeiros às comunidades tribais, estes grupos vulneráveis enfrentam riscos e vulnerabilidades desproporcionados que ameaçam os seus meios de subsistência, o seu património cultural e a sua própria sobrevivência.

Pescadores costeiros:

Para os pescadores costeiros, cujas vidas estão intrinsecamente ligadas aos ritmos do mar, as alterações climáticas representam uma ameaça existencial. A diminuição das unidades populacionais de peixe, exacerbada pela sobrepesca e pela degradação dos habitats, deixa os pescadores a lutar para sobreviver à medida que os seus pesqueiros tradicionais desaparecem. Os mares cada vez mais perigosos, alimentados pela subida do nível do mar e pela intensificação das tempestades, agravam ainda mais os desafios enfrentados pelas comunidades costeiras, empurrando-as ainda mais para a pobreza e a incerteza.

Comunidades tribais:

As comunidades tribais, cujas identidades estão enraizadas na sua profunda ligação à terra e às florestas, enfrentam a perda de biodiversidade e a perturbação dos ritmos ecológicos provocada pelas alterações climáticas. A dependência dos recursos florestais para o seu sustento, medicina e práticas culturais torna-as vulneráveis aos impactos da desflorestação, perda de habitat e degradação dos solos. À medida que os ecossistemas vacilam e os sistemas de conhecimentos tradicionais se desgastam, as comunidades tribais vêem-se a braços com a perda das suas terras ancestrais e a erosão do seu património cultural.

Justiça social e direitos humanos:

Para as populações marginalizadas, as alterações climáticas não são apenas uma questão ambiental, mas uma questão de justiça social e de direitos humanos. Os impactes desproporcionados das alterações climáticas exacerbam as desigualdades existentes, perpetuando ciclos de pobreza, marginalização e exclusão. À medida que os recursos se tornam mais escassos e os meios de subsistência mais precários, as comunidades marginalizadas vêem-se empurradas para as margens da sociedade, com acesso limitado a serviços essenciais e oportunidades de progresso.

Soluções equitativas:

A abordagem dos efeitos desproporcionados das alterações climáticas nas populações marginalizadas requer soluções equitativas que dêem prioridade às necessidades dos mais vulneráveis. Isto inclui o reforço da resiliência e da capacidade de adaptação através de intervenções direccionadas, tais como programas de subsistência sustentável, iniciativas de agricultura inteligente face ao clima e estratégias de adaptação baseadas na comunidade. Também requer a amplificação das vozes das comunidades marginalizadas nos processos de tomada de decisões e a garantia de que os seus direitos e prioridades sejam respeitados e mantidos.

Capítulo 3: O custo humano

Passamos das estatísticas abstractas e das projecções científicas para as histórias humanas por detrás da crise climática que se desenrola. Através de entrevistas íntimas e de relatos pessoais comoventes, revelamos as vidas perturbadas e as dificuldades enfrentadas por indivíduos e comunidades face às catástrofes provocadas pelo clima. Estas histórias são um lembrete pungente do custo humano das alterações climáticas e sublinham o imperativo urgente de as abordar como uma questão premente de direitos humanos.

1. Agricultores na linha da frente:

Na vasta extensão da Índia rural, entre os campos extensos e as planícies férteis, encontramos a espinha dorsal do sector agrícola da nação - os agricultores. Estes guardiães da terra não são apenas cultivadores de colheitas; são administradores do ambiente, guardiães da biodiversidade e guardiões da tradição. No entanto, para estes agricultores, as alterações climáticas não são um conceito abstrato ou uma ameaça distante - são uma dura realidade que os confronta diariamente, ameaçando a sua própria existência.

Lutas diárias:

Para os agricultores na linha da frente das alterações climáticas, cada dia traz novos desafios e incertezas. Os padrões erráticos de precipitação, as secas prolongadas e as inundações não sazonais tornaram-se demasiado comuns, perturbando os calendários agrícolas tradicionais e causando estragos nas culturas. Ouvimos os agricultores contarem histórias em que assistem impotentes aos seus campos secarem devido à seca, às suas colheitas serem arrastadas pelas cheias e às suas esperanças de uma colheita abundante serem destruídas pelos caprichos do tempo.

Ameaças iminentes:

Os impactos da variabilidade climática vão muito para além da perda imediata de colheitas; ameaçam os próprios meios de subsistência e o bem-estar das comunidades agrícolas. Com cada colheita falhada, os agricultores dão por si a afundar-se ainda mais em dívidas, à medida que lutam para alimentar as suas famílias e pagar os empréstimos contraídos para sementes, fertilizantes e pesticidas. O ciclo de pobreza e endividamento torna-se cada vez mais difícil de quebrar, prendendo os agricultores num ciclo vicioso de vulnerabilidade e desespero.

Necessidade urgente de apoio:

As histórias dos agricultores na linha da frente das alterações climáticas realçam a necessidade urgente de práticas agrícolas e sistemas de apoio resistentes ao clima. Desde culturas resistentes à seca e técnicas de irrigação que poupam água até seguros de colheitas indexados às condições meteorológicas e acesso a previsões meteorológicas atempadas, os agricultores necessitam de um conjunto abrangente de ferramentas e recursos para se adaptarem às alterações climáticas e protegerem os seus meios de subsistência. Além disso, os investimentos em infra-estruturas rurais, o acesso ao mercado e as redes de segurança social são essenciais para garantir que os agricultores possam enfrentar as tempestades das alterações climáticas e construir um futuro mais seguro e sustentável para si próprios e para as suas famílias.

Um apelo à ação:

Ao ouvirmos as histórias dos agricultores que estão na linha da frente das alterações climáticas, lembramo-nos do imperativo urgente de agir com compaixão, urgência e solidariedade. As alterações climáticas não são apenas uma questão ambiental; são uma questão humana que afecta a vida e os meios de subsistência de milhões de pessoas em todo o mundo. Ao apoiarmos os agricultores e ao capacitarmos as comunidades rurais para se adaptarem aos impactos das alterações climáticas, podemos construir um futuro mais resistente e sustentável para todos.

2. Famílias deslocadas por catástrofes:

Nas serenas aldeias costeiras e comunidades ribeirinhas, a força destrutiva das catástrofes induzidas pelo clima deixou um rasto de devastação, arrancando famílias das suas casas e destruindo as suas vidas. Quer se trate de uma tempestade repentina que engole comunidades inteiras ou de uma invasão gradual da subida do nível do mar que submerge terras férteis, os impactos das alterações climáticas são impossíveis de ignorar para aqueles que chamam casa a estas regiões vulneráveis.

Forçado a fugir:

Ouvimos, com o coração pesado, as famílias contarem as suas histórias angustiantes de perda e deslocação, forçadas a fugir das suas casas ancestrais em busca de segurança e abrigo. O início súbito das catástrofes deixa-as sem tempo para se prepararem ou evacuarem, deixando para trás bens e memórias queridas enquanto se esforçam por se salvarem a si próprias e aos seus entes queridos da fúria da natureza. Para muitos, o trauma da deslocação é agravado pela incerteza de um futuro incerto, enquanto se debatem com a perda das suas casas, meios de subsistência e sentido de segurança.

Procurar Refúgio:

Na sequência de uma catástrofe, as famílias vêem-se à deriva num mar de incertezas, obrigadas a procurar refúgio em abrigos improvisados ou em bairros de lata urbanos sobrelotados. A transição de uma vida de tranquilidade e autossuficiência para uma de dependência e miséria é uma dura realidade para aqueles que outrora viviam da terra e do mar. No entanto, no meio do caos e do desespero, há um vislumbre de esperança - a resiliência e a força das comunidades que se unem para reconstruir as suas vidas e recuperar a sua dignidade face à adversidade.

Um lembrete importante:

As histórias de famílias desalojadas por catástrofes provocadas pelo clima recordam-nos claramente o custo humano da inação face às alterações climáticas. Por detrás de cada estatística e projeção científica existe uma história de perda, sofrimento e resiliência que exige a nossa atenção e compaixão. Como refugiados do clima, estas famílias não são apenas vítimas das circunstâncias; são sobreviventes de uma crise global que exige uma ação urgente e decisiva por parte da comunidade internacional.

Soluções equitativas e dignas:

A necessidade urgente de soluções equitativas e dignas para os refugiados do clima não pode ser exagerada. Ao ouvirmos as vozes das pessoas deslocadas por catástrofes, somos chamados a agir para garantir que os seus direitos e necessidades sejam respeitados e defendidos. Isto inclui o acesso a alojamento seguro, cuidados de saúde, educação e oportunidades de subsistência, bem como o investimento em medidas de redução do risco de catástrofes e de adaptação às alterações climáticas que criem resiliência e protejam as comunidades vulneráveis de danos futuros.

3. Habitantes urbanos face aos extremos:

Nas ruas movimentadas e nos bairros cheios de gente dos centros urbanos, encontramos uma diversidade de residentes que estão a lutar contra as duras realidades das alterações climáticas. Desde as ondas de calor sufocantes à poluição tóxica do ar, os impactes das alterações climáticas fazem-se sentir intensamente nestas áreas densamente povoadas, onde milhões de pessoas vivem.

Ondas de calor abrasadoras:

À medida que as temperaturas sobem para níveis sem precedentes, os habitantes das cidades vêem-se encurralados num ciclo impiedoso de ondas de calor abrasadoras que ceifam milhares de vidas. Em apartamentos apertados e abrigos improvisados, os residentes lutam para se manterem frescos, uma vez que os aparelhos de ar condicionado se esforçam sob o peso da sua utilização constante, exacerbando a procura de energia e as emissões de gases com efeito de estufa. As populações vulneráveis, incluindo os idosos, as crianças e as pessoas com problemas de saúde pré-existentes, estão particularmente em risco, enfrentando doenças relacionadas com o calor e mortes enquanto procuram refúgio do calor abrasador.

Poluição tóxica do ar:

Nas cidades sufocadas por uma nuvem de smog, o ar está repleto de poluentes que representam uma grave ameaça para a saúde e o bem-estar públicos. As emissões industriais, os gases de escape dos veículos e a queima de biomassa contribuem para a poluição tóxica do ar que penetra profundamente nos pulmões dos residentes urbanos, provocando doenças respiratórias, doenças cardiovasculares e mortes prematuras. Para as comunidades vulneráveis que vivem em povoações informais e bairros marginalizados, o fardo da poluição atmosférica é agravado pelo acesso inadequado aos cuidados de saúde e à justiça ambiental.

Ataque implacável de catástrofes:

À medida que as catástrofes relacionadas com o clima se tornam mais frequentes e intensas, os habitantes das cidades encontram-se na linha da frente da batalha contra as calamidades naturais. Inundações, tempestades e deslizamentos de terras causam estragos em infra-estruturas, casas e meios de subsistência, deslocando milhões de pessoas e sobrecarregando os sistemas de resposta a emergências até ao ponto de rutura. No rescaldo da catástrofe, as comunidades juntam-se para reconstruir e recuperar, mas as cicatrizes da destruição permanecem muito tempo depois de as águas das cheias terem recuado e os ventos terem diminuído.

Necessidade urgente de ação:

As histórias de habitantes urbanos que enfrentam situações extremas sublinham a necessidade urgente de infra-estruturas resistentes ao clima, planeamento urbano sustentável e medidas para proteger os membros mais vulneráveis da sociedade. Desde espaços verdes e pavimentos permeáveis que atenuam o efeito de ilha de calor urbana a transportes públicos e ciclovias que reduzem as emissões e o congestionamento, as cidades têm de adotar soluções inovadoras que promovam a resiliência e a sustentabilidade. Além disso, os investimentos em programas de assistência social, serviços de saúde e iniciativas de resiliência comunitária são essenciais para garantir que ninguém seja deixado para trás na luta contra as alterações climáticas.

4. Um apelo à ação:

Ao testemunharmos o custo humano das alterações climáticas no Capítulo 3, somos confrontados com a dura realidade da nossa vulnerabilidade comum e da nossa responsabilidade colectiva de agir com compaixão, urgência e solidariedade. As histórias de famílias desalojadas por catástrofes, de agricultores na linha da frente e de habitantes urbanos que enfrentam situações extremas são recordações pungentes do custo humano da inação face às alterações climáticas.

Humanidade partilhada:

Ao ouvir estas histórias, somos recordados da nossa humanidade partilhada - os laços que nos unem para além das fronteiras, culturas e gerações. As alterações climáticas não conhecem fronteiras; afectam-nos a todos, embora de forma desigual. Quer residamos em aldeias costeiras ou em cidades movimentadas, em paisagens rurais ou em centros urbanos, estamos todos interligados e interdependentes, unidos pela frágil teia de vida que nos sustenta.

Responsabilidade colectiva:

Com esta humanidade partilhada vem a responsabilidade colectiva de tomar medidas para enfrentar a crise climática. As alterações climáticas não são apenas uma questão ambiental; são uma questão premente de direitos humanos que ameaça os direitos e liberdades fundamentais das pessoas em todo o mundo. Os impactos das alterações climáticas exacerbam as desigualdades e injustiças existentes, afectando de forma desproporcionada as comunidades mais vulneráveis e marginalizadas.

Ação imediata e concertada:

A urgência da crise climática exige uma ação imediata e concertada à escala mundial. Não nos podemos dar ao luxo de adiar ou tergiversar perante esta ameaça existencial. Governos, empresas, organizações da sociedade civil e indivíduos devem unir-se para implementar medidas ousadas e ambiciosas para reduzir as emissões de gases com efeito de estufa, fazer a transição para fontes de energia renováveis e criar resiliência aos impactos das alterações climáticas.

Ouvir as vozes das pessoas afectadas:

No centro deste apelo à ação está o imperativo de ouvir as vozes dos mais afectados pela crise - os agricultores, as famílias e os habitantes das cidades cujas vidas e meios de subsistência estão em jogo. As suas histórias não são apenas estatísticas ou dados; são testemunhos poderosos do custo humano das alterações climáticas. Ao amplificar as suas vozes e centrar as suas experiências nos processos de tomada de decisão, podemos garantir que a ação climática é informada pelas realidades daqueles que estão na linha da frente da crise.

Construir um futuro justo e sustentável:

Em última análise, o nosso objetivo é construir um futuro mais justo, equitativo e sustentável para todos. Para tal, é necessário não só reduzir as emissões e adaptarmo-nos aos impactos das alterações climáticas, mas também abordar as causas profundas da desigualdade e da injustiça que estão na base da crise. Trabalhando em conjunto com coragem, determinação e solidariedade, podemos ultrapassar os desafios das alterações climáticas e criar um mundo onde todas as pessoas possam prosperar em harmonia com a natureza.

Capítulo 4: Sementes da mudança

Neste capítulo, no meio dos enormes desafios colocados pelas alterações climáticas, descobrimos as sementes da mudança que estão a criar raízes em toda a Índia. Aqui, destacamos soluções inovadoras e iniciativas de base que estão a cultivar a resiliência e a mitigar os impactos das alterações climáticas. Desde projectos de gestão de bacias hidrográficas liderados pela comunidade até à adoção generalizada de tecnologias de energias renováveis, celebramos o engenho e a determinação de indivíduos e comunidades que trabalham incansavelmente para um futuro sustentável.

1. Gestão comunitária de bacias hidrográficas:

Nas verdejantes colinas e vales da Índia rural, está em curso uma revolução silenciosa à medida que as comunidades tomam conta do seu próprio destino através de projectos de gestão de bacias hidrográficas de base. Baseando-se numa mistura de sabedoria tradicional transmitida através de gerações e de técnicas modernas, estas iniciativas representam um esforço concertado para restaurar ecossistemas degradados, conservar recursos hídricos preciosos e aumentar a produtividade agrícola face aos crescentes desafios ambientais. Através da construção de barragens de retenção e trincheiras de contorno, as comunidades estão a remodelar a paisagem, abrandando o fluxo de água e evitando a erosão do solo. Entretanto, a plantação estratégica de árvores e gramíneas indígenas serve não só para estabilizar o solo, mas também para reabastecer as reservas de água subterrânea e proporcionar um habitat vital para a flora e fauna locais. Essencialmente, estes projectos são mais do que a simples gestão da água - são a recuperação de paisagens, a revitalização de comunidades e a criação de resistência aos impactos das alterações climáticas. À medida que as comunidades se juntam para gerir os seus recursos naturais com cuidado e previsão, estão a lançar as sementes de um futuro mais sustentável e equitativo para si próprias e para as gerações vindouras.

2. Revolução das energias renováveis:

A Índia, uma terra de diversidade e contrastes, está a embarcar numa viagem transformadora rumo a uma revolução das energias renováveis. Desde os desertos áridos do Rajastão até à vegetação luxuriante de Kerala, a nação está a tirar partido da sua geografia diversificada e dos seus abundantes recursos naturais para impulsionar uma mudança de paradigma na produção e no consumo de energia. No centro desta revolução está o reconhecimento da necessidade urgente de enfrentar os desafios interligados da segurança energética, das alterações climáticas e do desenvolvimento sustentável.

Nas extensões ensolaradas do Rajastão, onde os raios dourados do sol incidem com uma intensidade implacável, os painéis solares fotovoltaicos estendem-se até onde a vista alcança, adornando telhados, campos e vastos parques solares. Estes painéis, aproveitando o poder inesgotável do sol, convertem silenciosamente a luz solar em eletricidade, fornecendo uma fonte de energia limpa e renovável a milhões de famílias, empresas e indústrias em todo o país. A rápida expansão da infraestrutura de energia solar na Índia é um testemunho do compromisso da nação em reduzir a sua pegada de carbono e fazer a transição para uma economia de baixo carbono.

Ao longo das costas varridas pelo vento de Tamil Nadu e Gujarat, as imponentes turbinas eólicas erguem-se contra o céu azul, as suas pás cortando o ar com graça e precisão. Alimentadas pela energia cinética do vento, estas turbinas geram eletricidade com um impacto mínimo no ambiente, oferecendo uma alternativa fiável e sustentável aos combustíveis fósseis. A energia eólica surgiu como um pilar fundamental da carteira de energias renováveis da Índia, contribuindo significativamente para os esforços da nação para diversificar o seu cabaz energético e aumentar a segurança energética.

Para além da energia solar e eólica, a Índia está também a explorar o potencial da biomassa e da bioenergia para satisfazer as suas necessidades energéticas crescentes de forma sustentável. As centrais de biomassa, localizadas em regiões agrícolas de todo o país, estão a converter resíduos de colheitas, resíduos agrícolas e matéria orgânica em biogás, biocombustíveis e pellets de biomassa, que são depois utilizados para gerar eletricidade, calor e combustíveis para transportes. Ao valorizar os resíduos agrícolas e promover a produção descentralizada de bioenergia, a Índia não só está a reduzir as emissões de gases com efeito de estufa e a atenuar as alterações climáticas, como também a apoiar os meios de subsistência rurais e a promover o desenvolvimento económico nas zonas rurais.

Além disso, a revolução das energias renováveis na Índia não se limita à produção de eletricidade; trata-se de transformar indústrias inteiras, criar empregos e impulsionar o crescimento económico. A rápida expansão do sector das energias renováveis desencadeou uma onda de inovação e empreendedorismo, estimulando o desenvolvimento de novas tecnologias, modelos de negócio e oportunidades de investimento. Desde o fabrico de painéis solares até à manutenção de turbinas eólicas, o sector das energias renováveis está a gerar oportunidades de emprego em toda a cadeia de valor, desde a investigação e desenvolvimento até à instalação e manutenção.

Além disso, os benefícios da revolução das energias renováveis na Índia vão para além do domínio da produção de energia, abrangendo a proteção do ambiente, a saúde pública e a equidade social. Ao reduzir a dependência dos combustíveis fósseis e ao fazer a transição para fontes de energia limpas e renováveis, a Índia está não só a melhorar a qualidade do ar e a reduzir os riscos para a saúde relacionados com a poluição, mas também a salvaguardar os ecossistemas, a biodiversidade e os recursos naturais. Além disso, ao descentralizar a produção de energia e promover projectos de energias renováveis detidos pela comunidade, a Índia está a capacitar as comunidades locais, a reforçar a coesão social e a promover a justiça social.

3. Tornar os espaços urbanos mais verdes:

Nas ruas movimentadas e nos bairros apinhados dos centros urbanos da Índia, uma revolução verde está a criar raízes à medida que os residentes recuperam os espaços públicos e transformam as selvas de betão em oásis vibrantes de vegetação. Confrontadas com os desafios gémeos do efeito de ilha de calor urbana e da poluição atmosférica, as comunidades estão a adotar iniciativas inovadoras para introduzir a natureza de novo no coração da cidade.

Hortas comunitárias: Cultivar a ligação

Uma das manifestações mais visíveis deste movimento é a proliferação de hortas comunitárias, onde os residentes se juntam para cultivar frutos, legumes e flores em parcelas de terreno partilhadas. Estes espaços comunitários não só proporcionam um santuário da azáfama da vida citadina, como também servem de centros de interação social, de troca de conhecimentos e de ação colectiva. Quando os vizinhos trabalham lado a lado, tratando das suas colheitas e partilhando dicas de jardinagem, criam laços de amizade e solidariedade que transcendem as divisões sociais, culturais e económicas.

Quintas de telhado: Colher esperança

Outra abordagem inovadora para tornar os espaços urbanos mais verdes é a criação de quintas nos telhados de edifícios de apartamentos, complexos de escritórios e armazéns industriais. Estas quintas urbanas, que utilizam frequentemente sistemas hidropónicos ou aeropónicos, permitem aos habitantes da cidade cultivar produtos frescos durante todo o ano, reduzindo os quilómetros percorridos pelos alimentos e aumentando a segurança alimentar em áreas densamente povoadas. Além disso, as quintas em telhados proporcionam uma série de benefícios adicionais, incluindo um melhor isolamento, gestão das águas pluviais e conservação da biodiversidade, tornando-as uma componente integral do desenvolvimento urbano sustentável.

Iniciativas de plantação de árvores: Enraizadas na Resiliência

Para além das hortas comunitárias e das quintas nos telhados, as iniciativas de plantação de árvores estão a desempenhar um papel vital na ecologização dos espaços urbanos e no combate aos efeitos adversos das alterações climáticas. Desde campanhas de plantação de árvores de rua a projectos de florestação em grande escala, as cidades de toda a Índia estão a investir na recuperação e expansão de florestas urbanas, parques e corredores verdes. Estes espaços verdes não só proporcionam sombra e abrigo contra o sol escaldante, como também actuam como sumidouros naturais de carbono, absorvendo o dióxido de carbono da atmosfera e atenuando os impactos da poluição atmosférica.

Melhorar a qualidade de vida

Os benefícios da ecologização dos espaços urbanos vão muito além da conservação ambiental; têm também implicações significativas a nível social, económico e de saúde. Ao proporcionar acesso à natureza e aos espaços verdes, estas iniciativas melhoram a qualidade de vida global dos residentes urbanos, reduzindo o stress, melhorando o bem-estar mental e promovendo a saúde física. Além disso, os espaços verdes servem como locais de recreio, eventos culturais e encontros comunitários, promovendo um sentimento de pertença e orgulho cívico entre os residentes.

Contribuir para a resiliência climática e a conservação da biodiversidade

Além disso, a ecologização dos espaços urbanos desempenha um papel crucial no reforço da resiliência climática e na conservação da biodiversidade nas zonas urbanas. As árvores e a vegetação ajudam a regular a temperatura, reduzem o consumo de energia e atenuam o efeito de ilha de calor urbana, tornando as cidades mais resistentes a fenómenos meteorológicos extremos e às alterações climáticas. Além disso, os espaços verdes proporcionam habitat e refúgio para um conjunto diversificado de espécies vegetais e animais, promovendo a biodiversidade e o equilíbrio ecológico nos ecossistemas urbanos.

4. Capacitar o conhecimento indígena:

No meio da rápida modernização e do avanço tecnológico, há uma nova apreciação da inestimável sabedoria incorporada no conhecimento indígena e nas práticas tradicionais. Em toda a Índia, as comunidades indígenas, profundamente enraizadas na sua ligação à terra e nos conhecimentos ancestrais transmitidos de geração em geração, estão a emergir como guardiãs fundamentais das estratégias de criação de resiliência e dos esforços de conservação face às alterações climáticas. O seu profundo conhecimento dos ecossistemas locais e as suas práticas testadas ao longo do tempo estão a revelar-se activos inestimáveis na salvaguarda do património natural da Índia para as gerações vindouras.

Renascimento de técnicas agrícolas antigas: Cultivar a harmonia

Um dos aspectos mais convincentes do conhecimento indígena reside no seu rico repertório de práticas agrícolas que são inerentemente sustentáveis e resistentes às condições climáticas em mudança. Com base em séculos de experiência, os agricultores indígenas empregam técnicas como o cultivo misto, a rotação de culturas e a agricultura biológica, que promovem a saúde do solo, a biodiversidade e a conservação da água. Ao cultivarem diversas culturas e utilizarem factores de produção naturais, atenuam os riscos associados à variabilidade climática e garantem a segurança alimentar das suas comunidades.

Proteção dos Bosques Sagrados e dos Hotspots de Biodiversidade: Preservar os santuários da vida

Há muito que as comunidades indígenas são guardiãs de bosques sagrados, florestas antigas imbuídas de significado espiritual e importância ecológica. Estes paraísos de biodiversidade, preservados através de gerações de práticas e rituais consuetudinários, servem de santuários para espécies raras e ameaçadas de extinção e desempenham um papel crucial na manutenção do equilíbrio ecológico. Através da sua custódia de bosques sagrados e de pontos críticos de biodiversidade, as comunidades indígenas estão não só a salvaguardar ecossistemas preciosos, mas também a preservar o património cultural e as tradições espirituais que são parte integrante da sua identidade.

Orientando os esforços de conservação: Equilíbrio entre as necessidades humanas e a integridade ecológica

Face à crescente degradação ambiental e à perda de biodiversidade, o conhecimento indígena oferece uma visão inestimável da harmonização das actividades humanas com o mundo natural. As comunidades indígenas possuem uma compreensão profunda da intrincada teia da vida, reconhecendo a interconexão de todos os seres vivos e a necessidade de respeito mútuo e reciprocidade. A sua abordagem holística da conservação realça a importância da coexistência e da gestão sustentável dos recursos, assegurando a satisfação das necessidades humanas sem comprometer a integridade dos ecossistemas.

Promover a resiliência e a adaptação: Fomentar as inovações

Talvez o mais importante seja o facto de os conhecimentos indígenas promoverem a resiliência e a adaptação face às alterações ambientais. As comunidades indígenas são adeptas da observação de mudanças subtis no ambiente e do desenvolvimento de estratégias de adaptação para lidar com a mudança das condições climáticas. Quer se trate do momento de plantar as colheitas, da gestão dos recursos hídricos ou da navegação dos padrões climáticos sazonais, o conhecimento indígena oferece soluções práticas baseadas em séculos de experiência e observação.

Conclusão: Cultivar um futuro sustentável

Ao concluirmos a nossa viagem pelo Capítulo 4, sentimo-nos inspirados e esperançosos com as sementes da mudança que estão a criar raízes em toda a Índia. Desde soluções inovadoras a iniciativas de base e esforços colectivos destinados a criar resiliência e a mitigar os impactos das alterações climáticas, estas histórias servem como faróis de otimismo num mundo que enfrenta desafios ambientais sem precedentes. Recordam-nos que, mesmo perante a adversidade, há razões para acreditar - na resiliência da natureza, no engenho da humanidade e na nossa capacidade colectiva de moldar um futuro mais sustentável e equitativo para todos.

No solo fértil das paisagens da Índia, vemos as sementes da mudança a germinar e a criar raízes. Os projectos de gestão de bacias hidrográficas liderados pela comunidade estão a restaurar ecossistemas degradados, a conservar os recursos hídricos e a aumentar a produtividade agrícola, ao mesmo tempo que capacitam as comunidades locais para tomarem conta dos seus próprios destinos. A revolução das energias renováveis está a aproveitar o poder do sol, do vento e da biomassa para gerar energia limpa e sustentável, reduzindo a dependência dos combustíveis fósseis e mitigando os impactos das alterações climáticas.

Nas zonas urbanas, os residentes estão a recuperar os espaços públicos e a tornar os seus arredores mais verdes, combatendo o efeito de ilha de calor urbana e mitigando a poluição atmosférica. As hortas comunitárias, as quintas nos telhados e as iniciativas de plantação de árvores estão a transformar as selvas de betão em oásis vibrantes de vegetação, promovendo um sentido de solidariedade comunitária e melhorando a qualidade de vida dos residentes urbanos.

Além disso, o reconhecimento e a capacitação dos conhecimentos indígenas estão a orientar os esforços para criar resiliência e adaptar-se aos impactos das alterações climáticas. As comunidades indígenas, com a sua profunda ligação à terra e as suas práticas testadas pelo tempo, estão a desempenhar um papel vital nos esforços de conservação e na gestão sustentável dos recursos, salvaguardando o património natural da Índia para as gerações futuras.

Ao reflectirmos sobre estas histórias de mudança e transformação, recordamos o poder da ação colectiva e o potencial de mudança positiva. Ao alimentar estas sementes de mudança e ao cultivar uma cultura de sustentabilidade, podemos lançar as sementes de um amanhã mais brilhante para nós e para as gerações vindouras. É através dos nossos esforços colectivos, alimentados pela esperança, determinação e uma visão partilhada de um futuro mais sustentável e equitativo, que podemos ultrapassar os desafios das alterações climáticas e construir um mundo onde toda a vida possa prosperar em harmonia com a natureza.

Capítulo 5: Política e Política

Neste capítulo, aprofundamos a intrincada interação entre política e política na definição da resposta da Índia aos desafios urgentes colocados pelas alterações climáticas. Das iniciativas nacionais aos compromissos internacionais, examinamos o conjunto diversificado de estratégias e mecanismos utilizados pelos governos, tanto a nível interno como a nível global, para enfrentar os impactos complexos e multifacetados das alterações climáticas.

1. Plano de Ação Nacional para as Alterações Climáticas: Um Quadro de Ação

O Plano de Ação Nacional para as Alterações Climáticas (PANCC) representa o esforço concertado da Índia para combater os desafios multifacetados colocados pelas alterações climáticas. Servindo como pedra angular da resposta da nação, este quadro abrangente delineia estratégias destinadas a atenuar os efeitos adversos das alterações climáticas, promovendo simultaneamente a adaptação e a resiliência em vários sectores. Através de uma série meticulosamente concebida de oito missões nacionais, abrangendo domínios críticos como a energia solar, a eficiência energética, a agricultura sustentável e a conservação dos recursos hídricos, o PNAAC procura integrar as considerações climáticas no tecido da formulação de políticas e do planeamento do desenvolvimento em todos os níveis de governação.

O reconhecimento da interligação entre a ação climática e o desenvolvimento sustentável é fundamental para a abordagem do PNCAC. Ao abordar sectores-chave vitais para o tecido socioeconómico da Índia, como a energia, a agricultura e a gestão dos recursos hídricos, o plano visa não só atenuar as emissões de gases com efeito de estufa, mas também reforçar a capacidade da nação para se adaptar às condições climáticas em mutação e criar resistência contra choques futuros. Cada uma das oito missões nacionais no âmbito do PNAIC representa uma intervenção estratégica adaptada para enfrentar desafios e oportunidades específicos no seu sector respetivo, contribuindo assim para o objetivo global de resiliência e sustentabilidade climáticas.

A missão no domínio da energia solar, por exemplo, é fundamental para capitalizar os abundantes recursos solares da Índia, a fim de promover uma transição para as energias limpas, reduzir as emissões de carbono e aumentar a segurança energética. Através de iniciativas como o programa Jawaharlal

Nehru National Solar Mission (JNNSM), a missão visa aumentar a capacidade de produção de energia solar, promover tecnologias solares autóctones e facilitar a adoção de soluções de energia solar em vários sectores da economia.

Do mesmo modo, a missão para a eficiência energética procura otimizar a utilização dos recursos e minimizar o desperdício nas indústrias, transportes e edifícios, reduzindo assim as emissões e promovendo uma cultura de sustentabilidade. Através de esquemas inovadores como o mecanismo Perform, Achieve, and Trade (PAT), a missão incentiva práticas de poupança de energia e encoraja a adoção de tecnologias energeticamente eficientes, contribuindo para a mitigação do clima e para a competitividade económica.

No domínio da agricultura, o PANCC sublinha a importância das práticas agrícolas sustentáveis e da gestão dos recursos hídricos para aumentar a produtividade agrícola e a resiliência face à variabilidade climática. A missão relativa à agricultura sustentável visa promover técnicas agrícolas inteligentes do ponto de vista climático, melhorar a saúde dos solos e assegurar a conservação da água, salvaguardando assim a segurança alimentar e os meios de subsistência das comunidades rurais.

Além disso, o PANCC aborda questões críticas como a conservação da água, a florestação, a conservação da biodiversidade e a divulgação de conhecimentos sobre o clima, reconhecendo o papel integral destes factores na criação de resiliência climática e na manutenção dos ecossistemas.

De um modo geral, o PNAIC serve como um quadro orientador que sublinha o compromisso da Índia em abordar as alterações climáticas de uma forma holística e inclusiva. Ao alinhar os objectivos políticos com os imperativos climáticos e ao promover sinergias entre sectores, o plano lança as bases para um futuro sustentável e resiliente para a Índia, onde a prosperidade económica é harmonizada com a gestão ambiental e a equidade social. À medida que a Índia continua a sua jornada para alcançar os seus objectivos climáticos, o PNCAC continua a ser um testemunho da determinação da nação em enfrentar o desafio definidor dos nossos tempos e garantir um futuro próspero para as gerações vindouras.

2. Compromissos internacionais: De Paris à COP

O compromisso da Índia com os acordos internacionais sobre o clima, nomeadamente o Acordo de Paris, sublinha o seu empenho na ação climática global e a sua

reconhecimento da urgência de enfrentar as alterações climáticas. Como signatária do Acordo de Paris, a Índia comprometeu-se a atingir objectivos ambiciosos destinados a atenuar as emissões de gases com efeito de estufa, a reforçar a resiliência climática e a apoiar os esforços mundiais para limitar o aumento das temperaturas globais. Através dos seus contributos determinados a nível nacional (CDN), a Índia delineou um conjunto abrangente de acções e iniciativas para atingir estes objectivos, assegurando simultaneamente o desenvolvimento sustentável e o crescimento económico.

No centro dos CDN da Índia está o compromisso de reduzir a intensidade das suas emissões de carbono, reflectindo a determinação da nação em dissociar o crescimento económico das emissões de carbono e fazer a transição para uma via de desenvolvimento com baixas emissões de carbono. Isto implica a aplicação de uma série de medidas para melhorar a eficiência energética, promover tecnologias limpas e fazer a transição para fontes de energia renováveis. Nomeadamente, a Índia estabeleceu objectivos ambiciosos para aumentar a percentagem de energias renováveis no seu cabaz energético, incluindo a implantação de projectos de energia solar, eólica e hidroelétrica para satisfazer a crescente procura de energia, reduzindo simultaneamente a dependência dos combustíveis fósseis.

Além disso, os CDN da Índia sublinham a importância de aumentar o sequestro de carbono através da florestação, reflorestação e práticas sustentáveis de gestão florestal. Reconhecendo o papel fundamental das florestas na atenuação das alterações climáticas e na preservação da biodiversidade, a Índia comprometeu-se a expandir a sua cobertura florestal e a empreender esforços de florestação em grande escala para sequestrar o dióxido de carbono da atmosfera.

Para além dos seus compromissos nacionais, a Índia participa ativamente nas negociações internacionais sobre o clima, incluindo as reuniões da Conferência das Partes (COP) no âmbito da Convenção-Quadro das Nações

Unidas sobre as Alterações Climáticas (CQNUAC). Nestes fóruns, a Índia defende os princípios da equidade, das responsabilidades comuns, mas diferenciadas, e da justiça climática, salientando a necessidade de os países desenvolvidos assumirem a liderança no combate às alterações climáticas, prestando simultaneamente apoio financeiro e tecnológico às nações em desenvolvimento.

O compromisso da Índia com os acordos internacionais sobre o clima reflecte o seu empenho na ação colectiva e na cooperação multilateral para enfrentar um dos desafios mais prementes do nosso tempo. Ao alinhar as suas políticas internas com os objectivos climáticos globais e ao defender abordagens equitativas e inclusivas para a ação climática, a Índia desempenha um papel crucial no avanço dos objectivos do Acordo de Paris e no trabalho para um futuro sustentável e resiliente para todos. À medida que o mundo continua a debater-se com os impactos das alterações climáticas, a liderança e a colaboração da Índia na cena internacional são essenciais para alcançar um progresso significativo em direção a um mundo de baixo carbono e resiliente ao clima.

3. Equilíbrio entre desenvolvimento económico e conservação do ambiente: A corda bamba da política

Equilibrar o desenvolvimento económico com a conservação do ambiente e a ação climática é um dos principais desafios no panorama da política climática da Índia. Sendo uma nação em desenvolvimento com aspirações de crescimento crescentes, a Índia vê-se confrontada com a formidável tarefa de satisfazer as necessidades da sua população em expansão e, ao mesmo tempo, atenuar a sua pegada de carbono e fazer a transição para uma economia com baixo teor de carbono. Este duplo imperativo exige a adoção de instrumentos políticos inovadores e de abordagens estratégicas que conciliem eficazmente prioridades concorrentes, promovendo simultaneamente sinergias entre a prosperidade económica e a sustentabilidade ambiental.

No centro dos esforços da Índia para atingir este delicado equilíbrio está a implementação de mecanismos de fixação de preços do carbono, que funcionam como ferramentas poderosas para incentivar a redução das emissões e promover a adoção de tecnologias mais limpas em todas as indústrias. Ao atribuir um valor monetário às emissões de carbono, os mecanismos de fixação de preços do carbono internalizam os custos sociais e ambientais da poluição por carbono, incentivando assim as empresas a internalizar esses custos nas suas decisões de investimento e operações. Através de iniciativas como os impostos sobre o carbono, os sistemas de limitação e comércio e os mercados de carbono, a Índia pode aproveitar as forças de mercado para promover a redução das emissões, gerando simultaneamente receitas para o investimento em energias limpas e medidas de adaptação às alterações climáticas.

Além disso, as iniciativas de financiamento verde desempenham um papel fundamental na canalização de capital para projectos sustentáveis e resistentes ao clima, facilitando assim a transição para uma economia de baixo carbono. Ao mobilizar o investimento do sector privado em energias renováveis, eficiência energética, infra-estruturas sustentáveis e iniciativas de adaptação às alterações climáticas, os mecanismos de financiamento ecológico, como as obrigações ecológicas, os fundos de investimento sustentável e os fundos para o clima, proporcionam um apoio financeiro fundamental a projectos que proporcionam benefícios ambientais e económicos. Além disso, mecanismos de financiamento inovadores, como linhas de crédito verdes e iniciativas bancárias verdes, permitem que as instituições financeiras incorporem considerações ambientais e sociais nas suas decisões de empréstimo e investimento, promovendo assim o desenvolvimento sustentável e a resiliência climática.

Além disso, o alinhamento da Índia com os Objectivos de Desenvolvimento Sustentável (ODS) proporciona um quadro abrangente para a integração de objectivos económicos, sociais e ambientais nas estratégias de desenvolvimento nacional. Ao adotar uma abordagem holística do desenvolvimento que aborde a erradicação da pobreza, a equidade social e a sustentabilidade ambiental, a Índia pode aproveitar as sinergias entre os ODS e a ação climática para maximizar os benefícios comuns e minimizar os compromissos. Através de iniciativas como o Plano de Ação Nacional para as Alterações Climáticas (NAPCC) e o Índice Nacional dos Objectivos de Desenvolvimento Sustentável (ODS), a Índia pode integrar as considerações climáticas nos processos de elaboração de políticas e de planeamento do desenvolvimento, avançando assim no sentido da resiliência climática e dos objectivos de desenvolvimento sustentável.

Em conclusão, navegar na corda bamba da política entre o desenvolvimento económico e a conservação ambiental requer uma abordagem estratégica e multifacetada que englobe a inovação, a colaboração e a previsão. Ao adotar mecanismos de fixação de preços do carbono, ao promover iniciativas de financiamento ecológico e ao alinhar-se com os Objectivos de Desenvolvimento Sustentável, a Índia pode traçar um rumo para um futuro mais sustentável e resiliente, em que a prosperidade económica esteja harmonizada com a gestão ambiental e a equidade social. À medida que a Índia continua a sua jornada para alcançar os seus objectivos climáticos e de desenvolvimento, alcançar este delicado equilíbrio será essencial para construir uma sociedade próspera, inclusiva e sustentável para as gerações presentes e futuras.

4. Sociedade civil e responsabilização: responsabilizar os decisores

Na intrincada tapeçaria da política indiana, a sociedade civil surge como uma pedra angular da responsabilidade e da defesa, exercendo a sua influência para responsabilizar os decisores e defender os interesses das comunidades marginalizadas e das gerações futuras. Através da mobilização popular, de campanhas de defesa e de litígios estratégicos, as organizações da sociedade civil funcionam como cães de guarda vigilantes, examinando as políticas e iniciativas governamentais para garantir a transparência, a responsabilidade e a capacidade de resposta na formulação e implementação de políticas climáticas.

Na vanguarda dos esforços da sociedade civil está a mobilização de base, em que as comunidades se organizam e mobilizam acções colectivas para aumentar a sensibilização, dar voz às preocupações e exigir responsabilidade aos decisores políticos. Ao organizar comícios, protestos e campanhas de sensibilização pública, os movimentos de base galvanizam o apoio público e amplificam as vozes dos mais afectados pelas alterações climáticas, exercendo assim pressão sobre os decisores para que dêem prioridade às necessidades das comunidades vulneráveis e adoptem políticas climáticas mais ambiciosas.

Para além da mobilização de base, as organizações da sociedade civil participam em campanhas de sensibilização destinadas a influenciar as decisões políticas e a moldar o discurso público sobre as alterações climáticas. Através de esforços de sensibilização direccionados, tais como lobbying, sensibilização dos meios de comunicação social e análise de políticas, as organizações da sociedade civil aproveitam os seus conhecimentos e redes para defender políticas baseadas em provas que abordem as causas profundas das alterações climáticas e promovam a justiça social e ambiental. Ao envolver os decisores políticos, as partes interessadas e o público, as campanhas de sensibilização procuram criar consenso, aumentar a consciencialização e mobilizar apoio para uma ação climática transformadora.

Para além disso, as organizações da sociedade civil desempenham um papel crucial na responsabilização dos decisores através de litígios estratégicos e da defesa legal. Ao contestar as acções ou inacções do governo que prejudicam os objectivos climáticos ou violam as leis ambientais, as organizações da sociedade civil procuram soluções legais e intervenções judiciais para impor o cumprimento das obrigações legais e defender os direitos das comunidades afectadas. Através de processos judiciais de referência e vitórias legais, as organizações da sociedade civil criam precedentes, estabelecem mecanismos de responsabilização e responsabilizam os decisores pelas suas acções no combate às alterações climáticas.

Ao navegarmos pelo complexo terreno da política e da política no Capítulo 5, torna-se evidente que o envolvimento da sociedade civil é indispensável para moldar a resposta da Índia às alterações climáticas. Das estratégias nacionais aos compromissos globais, as organizações da sociedade civil constituem um contrapeso vital aos interesses instalados e à inércia burocrática, defendendo os interesses das comunidades marginalizadas e advogando políticas climáticas equitativas, eficazes e resilientes. Ao promover processos de tomada de decisão inclusivos, participativos e baseados em provas, a sociedade civil contribui para a democratização da governação climática e assegura que as políticas climáticas respondem às necessidades de todas as partes interessadas, abrindo caminho para um futuro mais sustentável e próspero para todos.

Capítulo 6: O poder da juventude

1. Juventude em ascensão: O fenómeno global das greves escolares pelo clima

O surgimento do movimento das greves escolares pelo clima, inspirado no fervoroso ativismo de Greta Thunberg e do movimento Fridays for Future, desencadeou uma onda de mobilização dos jovens em toda a Índia. Nesta secção, aprofundamos as origens e o impacto deste fenómeno global, examinando a forma como ressoou junto dos jovens de todo o país e os galvanizou para a ação.

Origens e inspiração: O movimento das greves escolares pelo clima teve origem em Greta Thunberg, uma adolescente sueca cujo protesto solitário em frente ao Parlamento sueco deu início a um movimento global que exige uma ação urgente contra as alterações climáticas. Os discursos apaixonados de Thunberg e o seu empenho inabalável no ativismo climático inspiraram milhões de jovens em todo o mundo a juntarem-se ao movimento Fridays for Future e a saírem à rua em protesto.

A espalhar-se pela Índia: Em cidades e vilas de toda a Índia, os estudantes abraçaram o apelo à ação climática, organizando greves, marchas e comícios para exigir que os líderes políticos tomem medidas decisivas para enfrentar a crise climática. Motivados por um sentido de urgência e uma profunda preocupação com o seu futuro, os jovens activistas estão a erguer as suas vozes e a exigir responsabilidades aos decisores políticos.

Vozes diversas, preocupações partilhadas: O movimento das greves escolares pelo clima na Índia engloba um conjunto diversificado de vozes, representando um espetro de origens, crenças e experiências. Dos centros urbanos às aldeias rurais, das escolas privilegiadas às comunidades com poucos recursos, os estudantes de todos os sectores da vida estão unidos na sua preocupação com o planeta e na sua determinação em salvaguardá-lo para as gerações futuras.

Impacto e influência: O movimento das greves escolares pelo clima teve um impacto profundo no discurso público e na elaboração de políticas na Índia, elevando as alterações climáticas a uma questão premente que exige atenção e ação imediatas. Através do seu ativismo coletivo, os jovens estão não só a aumentar a sensibilização para a urgência da crise climática, mas também a exercer pressão sobre os governos e as instituições para que implementem políticas climáticas significativas.

Testemunhando a mudança: Através de relatos em primeira mão e de reportagens no terreno, testemunhamos o poder da mobilização dos jovens para catalisar a mudança e impulsionar o progresso em direção a um futuro mais sustentável. Das ruas de Deli às aldeias de Kerala, os jovens activistas estão a fazer ouvir as suas vozes e a inspirar outros a juntarem-se à luta contra as alterações climáticas.

2. **Ativismo de base: Impulsionar mudanças tangíveis nas comunidades**

Nesta secção, destacamos o poder transformador do ativismo de base liderado por jovens, que estão a promover mudanças tangíveis nas suas comunidades e a inspirar uma transformação social mais ampla.

Tomar medidas a nível local: Jovens activistas em toda a Índia estão a tomar as rédeas da situação, organizando campanhas de limpeza, campanhas de plantação de árvores e outras iniciativas ambientais para resolver questões prementes nas suas comunidades. Desde rios poluídos a ruas cheias de lixo, estes esforços de base estão a ter um impacto visível no ambiente local e a melhorar a qualidade de vida dos residentes.

Defendendo o desenvolvimento urbano sustentável: Nos centros urbanos que lutam contra a rápida urbanização e a degradação ambiental, os jovens activistas estão na vanguarda dos esforços de defesa do desenvolvimento urbano sustentável. Ao promoverem espaços verdes, ao defenderem infra-estruturas amigas dos peões e ao pressionarem por políticas que dêem prioridade aos transportes públicos e às energias renováveis, estão a remodelar as paisagens urbanas e a fomentar cidades mais sustentáveis e resistentes.

Capacitar as comunidades: O ativismo de base não se limita a tomar medidas; trata-se de capacitar as comunidades para se tornarem agentes de mudança por direito próprio. Através de workshops de capacitação, campanhas educativas e iniciativas de envolvimento da comunidade, os jovens activistas estão a equipar os residentes com os conhecimentos, as competências e os recursos de que necessitam para enfrentar os desafios ambientais e criar resistência às alterações climáticas.

Promover a colaboração e as parcerias: Os activistas de base compreendem o poder da colaboração e das parcerias na promoção de mudanças significativas. Ao estabelecerem alianças com governos locais, ONG, empresas e outras partes interessadas, estão a ampliar o seu impacto e a mobilizar recursos para apoiar iniciativas lideradas pela comunidade. Através destas parcerias, os jovens activistas estão a tirar partido da experiência e dos recursos colectivos para resolver questões ambientais complexas e promover uma mudança sistémica.

Descobrindo histórias de paixão e resiliência: Através de entrevistas com organizadores de base e líderes comunitários, descobrimos as histórias de paixão, criatividade e resiliência que impulsionam estas iniciativas. Desde a superação de obstáculos burocráticos até à mobilização do apoio de partes interessadas relutantes, estes jovens activistas demonstram um empenho e uma determinação inabaláveis na sua busca de um futuro mais sustentável.

Inspirar uma transformação social mais alargada: O ativismo de base liderado por jovens tem o potencial de inspirar uma transformação social mais ampla, desafiando atitudes e comportamentos enraizados e abrindo caminho para uma sociedade mais sustentável e equitativa. Ao darem o exemplo e demonstrarem o poder da ação colectiva, estão a catalisar uma mudança para uma cultura de gestão ambiental e resiliência comunitária.

Nesta secção, celebramos os esforços incansáveis de jovens activistas que estão a promover mudanças tangíveis nas suas comunidades e a inspirar outros a juntarem-se à luta por um futuro mais sustentável. Através da sua paixão, criatividade e resiliência, estão a demonstrar o potencial transformador do ativismo de base e o poder da ação colectiva na resolução de desafios ambientais prementes.

3. Campanhas no campus: Desinvestimento em combustíveis fósseis e adoção de energias renováveis

Nesta secção, analisamos o papel influente das campanhas universitárias lideradas por jovens na defesa do desinvestimento em combustíveis fósseis e na adoção de soluções de energia renovável. Desde os campi universitários às organizações lideradas por estudantes, os jovens activistas estão a liderar os esforços para instar as instituições a alinharem os seus investimentos e operações com os objectivos climáticos, impulsionando assim a mudança institucional e promovendo uma cultura de sustentabilidade.

Sensibilização e Mobilização de Apoio: As campanhas universitárias para o desinvestimento em combustíveis fósseis e a promoção de soluções de energia renovável começam com a sensibilização dos estudantes, professores e administradores para os impactos ambientais e sociais dos investimentos em combustíveis fósseis. Através de workshops educativos, eventos de sensibilização e campanhas nas redes sociais, os estudantes activistas mobilizam apoio para iniciativas de desinvestimento e de energias renováveis, criando uma dinâmica de mudança nas suas comunidades académicas.

Defender a mudança de políticas: Para além da sensibilização, as campanhas universitárias lideradas por jovens envolvem-se ativamente com as administrações universitárias e os órgãos directivos para defenderem mudanças de políticas que apoiem o desinvestimento em combustíveis fósseis e a adoção de soluções de energias renováveis. Através de petições, comícios e reuniões com os decisores, os estudantes activistas articulam as suas exigências e pressionam para que sejam tomadas medidas concretas para enfrentar as alterações climáticas a nível institucional.

Desafios e estratégias: As campanhas universitárias a favor do desinvestimento e das energias renováveis enfrentam inúmeros desafios, incluindo a resistência dos administradores das universidades, restrições financeiras e interesses enraizados na indústria dos combustíveis fósseis. Para ultrapassar estes desafios, os estudantes activistas empregam uma série de estratégias, incluindo a formação de coligações com outros grupos de estudantes e organizações ambientais, o aumento da pressão pública através da divulgação nos meios de comunicação social e a realização de investigação para demonstrar os argumentos financeiros e éticos a favor do desinvestimento.

Histórias de sucesso e impacto: Apesar dos desafios, muitas campanhas universitárias obtiveram êxitos notáveis na promoção de mudanças institucionais. Através da persistência, da defesa estratégica e da organização de base, os estudantes activistas conseguiram persuadir as universidades a desinvestir em combustíveis fósseis, a adotar metas de energias renováveis e a implementar iniciativas de sustentabilidade que reduzem as emissões de carbono e promovem a gestão ambiental.

Estudos de casos e entrevistas: Através de estudos de caso e entrevistas com estudantes activistas e líderes de campanhas, exploramos as estratégias, desafios e sucessos das campanhas de desinvestimento e adoção de energias renováveis nos campus. Ao partilhar as suas experiências e percepções, obtemos lições valiosas sobre estratégias eficazes de organização de base, de construção de coligações e de defesa que podem inspirar e informar o futuro ativismo climático nos campus universitários e não só.

4. Iniciativas ambientais: Plantando sementes de mudança e promovendo estilos de vida ecológicos

Nesta secção, destacamos a diversidade de iniciativas ambientais lideradas por jovens, mostrando os seus esforços para plantar sementes de mudança e promover estilos de vida amigos do ambiente em comunidades de toda a Índia.

Projectos de reflorestação e conservação da biodiversidade: Os jovens activistas estão a liderar projectos de reflorestação e esforços de conservação da biodiversidade destinados a restaurar ecossistemas degradados e a preservar o rico património natural da Índia. Através de iniciativas de plantação de árvores, projectos de recuperação de habitats e iniciativas de conservação da vida selvagem, estão a trabalhar para inverter a perda de biodiversidade e criar ecossistemas prósperos que apoiem a saúde e o bem-estar das pessoas e da vida selvagem.

Promoção de estilos de vida ecológicos: Para além dos esforços de conservação, os jovens activistas estão a promover estilos de vida amigos do ambiente e hábitos de consumo sustentáveis entre indivíduos e comunidades. Através de workshops educativos, campanhas nas redes sociais e eventos de sensibilização da comunidade, sensibilizam para o impacto ambiental das escolhas dos consumidores e capacitam os indivíduos para tomarem decisões mais sustentáveis no seu quotidiano, desde a redução dos resíduos de plástico à conservação da água e da energia.

Iniciativas lideradas pela comunidade: Muitas iniciativas ambientais são conduzidas por organizações de base e iniciativas lideradas pela comunidade, que aproveitam o poder coletivo das comunidades locais para enfrentar os desafios ambientais. Desde hortas comunitárias e projectos de agricultura urbana a iniciativas de gestão de resíduos e cooperativas de energias renováveis, estas iniciativas permitem que as comunidades se apropriem do seu futuro ambiental e trabalhem em conjunto para uma sociedade mais sustentável e resiliente.

Organizações lideradas por jovens: As organizações lideradas por jovens desempenham um papel crucial na promoção da ação e defesa do ambiente, proporcionando uma plataforma para os jovens colaborarem, partilharem ideias e tomarem medidas colectivas sobre questões ambientais. Através de projectos, campanhas e eventos inovadores, estas organizações mobilizam os jovens em torno de objectivos comuns e amplificam as suas vozes na luta contra as alterações climáticas e a degradação ambiental.

Impacto e resiliência: Através de entrevistas e histórias pessoais, mostramos o impacto destas iniciativas ambientais na promoção da gestão ambiental e na criação de resiliência face às alterações climáticas. Desde a recuperação de ecossistemas e a conservação da biodiversidade até à capacitação das comunidades e à promoção de estilos de vida sustentáveis, os jovens activistas estão a fazer uma diferença tangível nas suas comunidades e a inspirar outros a juntarem-se ao movimento para um futuro mais sustentável.

Nesta secção, celebramos a paixão, a criatividade e a resiliência de jovens activistas ambientais que estão a liderar a mudança em comunidades de toda a Índia. Ao plantarem sementes de mudança e promoverem estilos de vida amigos do ambiente, estão não só a enfrentar desafios ambientais prementes, mas também a lançar as bases para um futuro mais sustentável e resiliente para todos.

5. Vozes da Juventude: Entrevistas íntimas com activistas e líderes do clima

Através de entrevistas íntimas e reflexões pessoais, aprofundamos a paixão, a criatividade e a determinação que impulsionam o seu ativismo climático e os seus esforços de defesa, mostrando a diversidade de vozes que moldam o futuro climático da Índia.

Comunidades da linha da frente: Ouvimos jovens activistas de comunidades da linha da frente que estão a sofrer os impactos imediatos das alterações climáticas, desde aldeias costeiras ameaçadas pela subida do nível do mar até regiões atingidas pela seca que enfrentam escassez de água e insegurança alimentar. Através das suas experiências em primeira mão, oferecem uma visão única sobre os desafios que enfrentam e as soluções inovadoras que estão a implementar para criar resiliência e adaptar-se a um clima em mudança.

Organizadores de base: Os organizadores de base desempenham um papel crucial na condução da ação climática a nível local, mobilizando as comunidades e catalisando a mudança a partir do zero. Reunimo-nos com jovens líderes que estão a liderar iniciativas ambientais nas suas comunidades, desde a organização de campanhas de plantação de árvores e de limpeza até à defesa do desenvolvimento urbano sustentável e de soluções de energias renováveis. Através das suas histórias, obtemos uma compreensão mais profunda do poder do ativismo de base para efetuar mudanças positivas.

Jovens Parlamentares: Nas esferas políticas, os jovens parlamentares estão a defender a ação climática e a pressionar por mudanças políticas para enfrentar os desafios urgentes colocados pelas alterações climáticas. Conversamos francamente com jovens líderes que estão a defender políticas climáticas e medidas legislativas para reduzir as emissões de carbono, promover as energias renováveis e proteger as comunidades vulneráveis. As suas perspectivas oferecem informações valiosas sobre a intersecção entre o ativismo juvenil e a liderança política na promoção da ação climática a nível nacional.

Activistas urbanos: Os centros urbanos são centros de inovação e ativismo, onde os jovens estão a liderar o desenvolvimento urbano sustentável e a resiliência climática. Ouvimos falar de activistas e organizadores que defendem cidades mais ecológicas e equitativas, desde a promoção de transportes públicos e infra-estruturas para ciclistas até à resolução dos desafios da poluição atmosférica e da gestão de resíduos. As suas histórias realçam a importância do ativismo de base na transformação das paisagens urbanas e na promoção de cidades mais sustentáveis e habitáveis.

Reflexões pessoais: Através de reflexões e percepções pessoais, podemos ter uma ideia das motivações, desafios e aspirações dos jovens activistas e líderes. Desde os momentos que despertaram a sua paixão pela ação climática até aos obstáculos que encontraram pelo caminho, eles partilham as suas viagens com honestidade e vulnerabilidade, inspirando outros a juntarem-se ao movimento para um futuro mais sustentável e equitativo.

Nesta secção final, celebramos as vozes de jovens activistas e líderes que estão a promover mudanças significativas nas suas comunidades e não só, mostrando a sua paixão, criatividade e determinação na luta contra as alterações climáticas. Através das suas histórias e perspectivas, recordamos o poder transformador do ativismo juvenil e o papel fundamental que os jovens desempenham na definição do futuro climático da Índia.

Conclusão: Abraçar o apelo à ação

Ao chegarmos à conclusão de "Whispers of the Earth: India's Journey Through Climate Change" (Sussurros da Terra: A Viagem da Índia através das Alterações Climáticas), recordamos a intrincada tapeçaria de histórias, desafios e triunfos que moldaram a relação da Índia com o mundo natural face às alterações climáticas. Desde a sabedoria ancestral das comunidades indígenas até às soluções inovadoras dos jovens activistas, testemunhámos a resiliência, a criatividade e a determinação do espírito humano no confronto com um dos maiores desafios do nosso tempo.

Ao longo das páginas deste livro, explorámos os ecos do passado, mergulhando no rico património ecológico da Índia e nos conhecimentos ecológicos tradicionais que, durante milénios, guiaram as comunidades a viver em harmonia com a natureza. Testemunhámos os sinais de mudança, desde o derretimento dos glaciares nos Himalaias até à alteração dos padrões das monções e à erosão costeira, sublinhando a necessidade urgente de tomar medidas para fazer face aos impactos das alterações climáticas nas comunidades vulneráveis.

Examinámos o poder da política e da política na definição da resposta da Índia às alterações climáticas, desde os planos de ação nacionais aos compromissos internacionais, navegando no delicado equilíbrio entre o desenvolvimento económico e a conservação ambiental. Celebrámos o ativismo de base dos jovens líderes, que estão a promover mudanças tangíveis nas suas comunidades e a inspirar outros a juntarem-se ao movimento para um futuro mais sustentável.

Nas vozes de jovens activistas e líderes, ouvimos o apelo à ação, que ecoa através de gerações e continentes, exigindo medidas urgentes e decisivas para mitigar os impactos das alterações climáticas e construir um mundo mais resiliente e equitativo para todos. A sua paixão, criatividade e determinação servem como faróis de esperança face à incerteza, guiando-nos para um futuro em que a humanidade e a natureza possam prosperar em harmonia.

Referências :

- Bhaskar Rao DV, Naidu CV, Srinivasa Rao BR (2001) Trends and fluctuations of the cyclonic systems over North Indian Ocean. Mausam 52(1):37-46

- Das PK, Radhakrishna M (1991) An analysis of Indian tide gauge records (Uma análise dos registos maregráficos indianos). Proc Indian Acad Sci (Earth Planet Sci) 100(2):177-194

- Das PK, Radhakrishna M (1993) Trends and the pole tide in Indian tide gauge records. Proc Indian Acad Sci (Earth Planet Sci) 102(1):175-183

- Dash SK, Rao P (Eds) (2003) Assesment of Climate Change in India and Mitigation Policies, WWF-India, New Delhi

- Dash SK, Kumar JR, Shekhar MS (2004) On the decreasing frequency of monsoon depressions over the Indian region. Curr Sci 86(10):1404-1411

- Jorgensen K, Mishra A, Sarangi GK **2015**. Multi-level climate governance in India: the role of the states in climate action planning and renewable energies. *J. Integr. Environ. Sci.* 12:4267-83

- Dubash NK **2012**. *Handbook of Climate Change and India: Development, Politics and Governance* New Delhi: Oxford Univ. Press

Printed by Books on Demand GmbH, Norderstedt / Germany